超級科學家的誕生

地理學篇

戴翠思（Tracey Turner）　著

林占美（Jamie Lenman）　繪

新雅文化事業有限公司

www.sunya.com.hk

超級科學家的誕生
地理學篇

作者：戴翠思（Tracey Turner）

繪圖：林占美（Jamie Lenman）

翻譯：羅睿琪

責任編輯：葉楚溶

美術設計：何宙樺

出版：新雅文化事業有限公司

香港英皇道499號北角工業大廈18樓

電話：(852) 2138 7998　傳真：(852) 2597 4003

網址：http://www.sunya.com.hk

電郵：marketing@sunya.com.hk

發行：香港聯合書刊物流有限公司

香港新界大埔汀麗路36號中華商務印刷大廈3字樓

電話：(852) 2150 2100　傳真：(852) 2407 3062

電郵：info@suplogistics.com.hk

印刷：中華商務彩色印刷有限公司

香港新界大埔汀麗路36號

版次：二〇一七年七月初版

Original title: SUPERHEROES OF SCIENCE - EARTH
First published 2017 by Bloomsbury Publishing Plc
50 Bedford Square, London WC1B 3DP
www.bloomsbury.com
Bloomsbury is a registered trademark of Bloomsbury Publishing Plc
Copyright © 2017 Bloomsbury Publishing Plc
Text copyright © 2017 Tracey Turner
Illustrations copyright © 2017 Jamie Lenman
Additional images © Shutterstock

ISBN:978-962-08-6861-0
Traditional Chinese Edition © 2017 Sun Ya Publications (HK) Ltd.
18/F, North Point Industrial Building, 499 King's Road, Hong Kong
Published and printed in Hong Kong

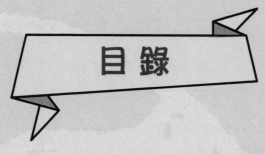

目　錄

引言

　　《超級科學家的誕生》為你介紹近百位偉大的超級科學家。他們當中雖然沒有人能披上斗篷飛越天際，或者擁有超乎尋常的強大力量，但是這些超級科學家都是值得我們敬佩的英雄。他們的探索和研究，揭開了許多鮮為人知的秘密，讓我們認識更多有關天文、地理、醫學和生物的知識。現在就請你跟隨地理學家，踏進他們的探險世界！

閱讀本書時，請你試試找出……

- 哪一個科學家吃掉了法國國王路易十四的心臟？
- 誰發現了巨大的睡鼠與微小的大象？
- 哪一個出色的法國科學家被砍了頭？
- 誰在一頭恐龍裏面用餐？

　　如果你曾幻想過親自挖出暴龍的化石，發現火星上的生命，或是看看火山裏面的真實情況，那麼請你繼續閱讀下去。你還可以跟隨這些超級科學家一同探索漂移的大陸、南極的大氣層，還有地球的核心呢！

　　在這本書中，你除了看到超級科學家堅持不懈、充滿勇氣與驚人智慧的探索故事外，也許還會得到一些意外驚喜。比方說，你是否知道有一個古希臘人早在2,200年前便準確地量度出地球的大小？你又是否知道某一位著名的恐龍化石獵人，原來也是個間諜呢？

> 你即將與地理學界的超級科學家見面，
> 看看他們那些不可思議的故事……

翻到第44頁，你可以從極端天氣小測試中，看看自己對氣候有多少認識。在第56頁，你還可以學習如何自製化石呢！

帶來地理學的
愛拉托散尼

古希臘科學天才愛拉托散尼（Eratosthenes，公元前276年－公元前194年）為地球帶來了地理學，還找出量度地球大小的方法。

學習與圖書館

愛拉托散尼於公元前276年在古希臘城市昔蘭尼出生。昔蘭尼是由古希臘人建立的，如今是北非國家利比亞的一部分。愛拉托散尼曾到過雅典學習哲學，還出版過自己的詩集和歷史研究著作。埃及的法老托勒密三世（Ptolemy III Euergetes）非常欣賞愛拉托散尼的才華，便邀請他到埃及來，擔任舉世知名的亞歷山大圖書館的管理員。在短短5年間，愛拉托散尼已成為了亞歷山大圖書館的館長──那可是當時整個世界上最頂尖的工作之一。

數字、星宿與地理

愛拉托散尼構想出一些在當時來說非常巧妙的數學理論，包括專門用來找出質數的愛拉托散尼篩法。他又發明了環形球儀，那是一個地球模型，周邊被許多個有刻度的圓環圍繞着，這些環代表了地球上的假想線，例如赤道。這種精妙的儀器能幫助天文學家尋找星體。（中國科學家張衡製作了一種以水力推動的環形球儀，更為令人驚歎，見第24頁。）愛拉托散尼也發明了地理學，他撰寫了一部共有3冊的著作《地理學》（*Geographika*，意指關於地球的研究），當中包括了已知世界的詳細地圖。

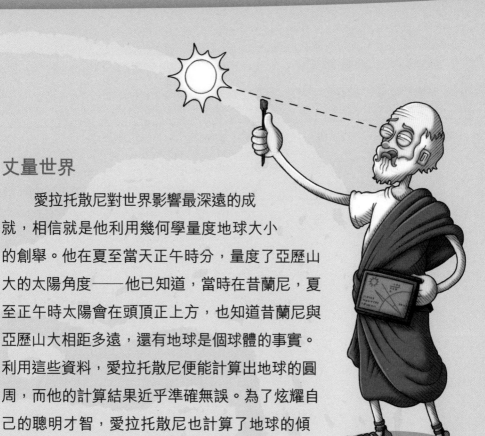

丈量世界

　　愛拉托散尼對世界影響最深遠的成就，相信就是他利用幾何學量度地球大小的創舉。他在夏至當天正午時分，量度了亞歷山大的太陽角度——他已知道，當時在昔蘭尼，夏至正午時太陽會在頭頂正上方，也知道昔蘭尼與亞歷山大相距多遠，還有地球是個球體的事實。利用這些資料，愛拉托散尼便能計算出地球的圓周，而他的計算結果近乎準確無誤。為了炫耀自己的聰明才智，愛拉托散尼也計算了地球的傾斜角度，這個角度給人類帶來了不同的季節。

著作遭焚毀

　　除了上述貢獻外，愛拉托散尼也撰寫了許多書籍，題材包括數學、地理、哲學與文學等。可惜的是，在愛拉托散尼所處年代的數百年後，亞歷山大圖書館被大火燒毀，他的著作只有部分殘卷倖存。相傳愛拉托散尼在失去視力、無法再看書後，於公元前194年絕食而死。

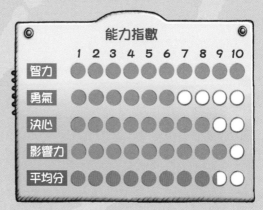

能力指數

	1	2	3	4	5	6	7	8	9	10
智力	●	●	●	●	●	●	●	●	●	●
勇氣	●	●	●	●	●	●	●	○	○	○
決心	●	●	●	●	●	●	●	●	○	○
影響力	●	●	●	●	●	●	●	●	●	○
平均分	●	●	●	●	●	●	●	●	○	○

為糞化石命名的
布克蘭 ......

威廉・布克蘭（William Buckland，1784年－1856年）是首個為恐龍命名的人，也是研究恐龍糞便的先鋒。他還擁有一些極為異於尋常的愛好。

岩石與化石

1780至1790年代，仍是個小孩子的布克蘭常在他位於英國德文郡的居所附近，搜集菊石（即鸚鵡螺的化石）與其他化石。求學時期，布克蘭努力學習，希望像他父親一樣成為一個神職人員，不過他日漸對地質學深深着迷。在取得牧師資格後，布克蘭到了牛津大學擔任地質學講師。他的教學風格非常特別，不時會一邊揮舞着鬣*狗的頭骨興沖沖地走來走去，一邊激昂地講解關於食物鏈的知識。

河馬、鬣狗與紅夫人

每當布克蘭找到機會，便會周遊各地，搜集有趣的化石，然後將它們送到牛津大學的阿什莫林博物館。他的鬣狗頭骨是從約克郡的柯克代爾洞出土的，那裏曾發現河馬、馬、牛、鹿、老虎、熊、狼等動物的骨骼化石。人們相信這些動物遺骸是被《聖經》所記載的大洪水，從熱帶地區沖到英格蘭的。不過布克蘭從這些化石中發現，這實質上是一個史前鬣狗巢穴。1823年，布克蘭在威爾斯一個洞穴中發現了一具人類骸骨，並將它命名為「帕維蘭的紅夫人」（但這具骸骨後來被證實是男性）。

*鬣：粵音獵。

恐龍與史前糞便

　　1824年，布克蘭確認了一批從牛津郡採礦場發現的骨骼與牙齒化石，是屬於某些巨型蜥蜴的遺骸，這些蜥蜴被他稱為「巨龍」（megalosaurs，希臘文，意指「巨大的蜥蜴」）。布克蘭為第一批被發現的恐龍命名，又發表了第一篇關於恐龍骨骼的研究報告。除了恐龍及其他史前動物的骨骼與牙齒化石外，人們也發現了看似是排泄物的小化石。布克蘭是第一個正確辨別它們的人，並將它們命名為「糞化石」。這些糞化石能告訴我們史前生物吃了些什麼。

古怪的食物

　　布克蘭喜歡品嘗非比尋常的食物，包括老鼠配烤多士、象鼻，還有青蠅（他曾說青蠅的味道非常可怕）。有一次，一位大主教向布克蘭展示一個銀盒子，據稱裏面盛載着法國國王路易十四的心臟，布克蘭無法抗拒誘惑，竟把它吞下肚！1856年，布克蘭不幸身亡（不過出乎意料的是，他並非死於食物中毒），他成為了當代最有名的地質學家之一。

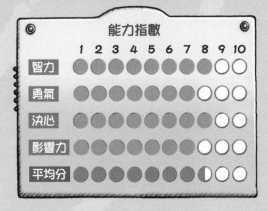

能力指數

	1	2	3	4	5	6	7	8	9	10
智力	●	●	●	●	●	●	●	●	○	○
勇氣	●	●	●	●	●	●	●	○	○	○
決心	●	●	●	●	●	●	●	○	○	○
影響力	●	●	●	●	●	●	●	●	●	○
平均分	●	●	●	●	●	●	●	◐	○	○

發現地球核心的

雷曼

丹麥科學家英格·雷曼（Inge Lehmann，1888年－1993年）發現了地球的中心有固態的金屬內核。

數學

雷曼就讀的學校在19世紀末期而言並不尋常，因為學校對男孩和女孩一視同仁。當時世界上大部分地方並非如此，而雷曼是在年紀稍長、升讀大學數學系時才發現這一點。她曾在丹麥哥本哈根和英國劍橋讀書，並運用她出色的數學天賦，在一間辦公室裏任職，也曾在哥本哈根大學工作。雷曼其後改為鑽研地震學，研究地震與地震所產生的地震波。由於人們不可能前往地球的中心（不然你會被煮熟壓扁），科學家便透過觀察這些地震波去了解地球中心的情況。

地震與麥片粥

雷曼的研究方法與眾不同：她製作了一些硬紙板卡片，上面記錄了地球上不同地區的地震資料，其後她將這些卡片放進以特定方式排列的麥片粥盒子裏。當時雷曼並沒有電腦協助工作，不過她的麥片粥盒子系統（漸漸地）也能大派用場。雷曼利用這套系統構想出不少關於地球內部的新理論。

地球的核心

在20世紀初期，科學家認為地球的中央是一個由液體形成的核心，外面被固態的硬殼包裹着，再被地球的地殼包圍，而每一層都被物質密度出現變化的地方所分隔，稱為「不連續面」。雷曼察覺到，如果液態地核的理論是正確的，則某些地震波的傳遞情況並不符合預期。她推想出自己的理論：地球實質擁有一個固態的核心，被熔化的外殼包圍。1936年，她將這套理論在一篇論文中發表。34年後，當更精密的儀器探測到被固態地核反射回來的地震波時，她的推想便被證實無誤。其後，雷曼利用她的麥片粥盒子圖書館，發現了地球表面下220公里處有一個特別的區域，地震波有異常的傳遞方式。這個區域如今被稱為「雷氏不連續面」。

獎項與小行星

雷曼憑藉自己的研究獲得許多獎項，甚至有一顆小行星以她的名字來命名。1997年，即雷曼去世4年後，美國地球物理聯盟開始頒發英格·雷曼獎章，以鼓勵科學界進一步了解地球的地幔與核心。

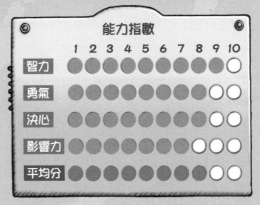

能力指數

	1	2	3	4	5	6	7	8	9	10
智力	●	●	●	●	●	●	●	●	●	○
勇氣	●	●	●	●	●	●	●	●	○	○
決心	●	●	●	●	●	●	●	●	●	○
影響力	●	●	●	●	●	●	●	○	○	○
平均分	●	●	●	●	●	●	●	●	○	○

地球的內部

地球內部深處的溫度大約相等於太陽的表面溫度，而且壓力很大，足以在瞬間將你壓至粉碎。顯而易見，正是由於這些原因，從來沒有人到過地球內部，不過地震學家迄今已發現了各種各樣有關地球內部的知識。

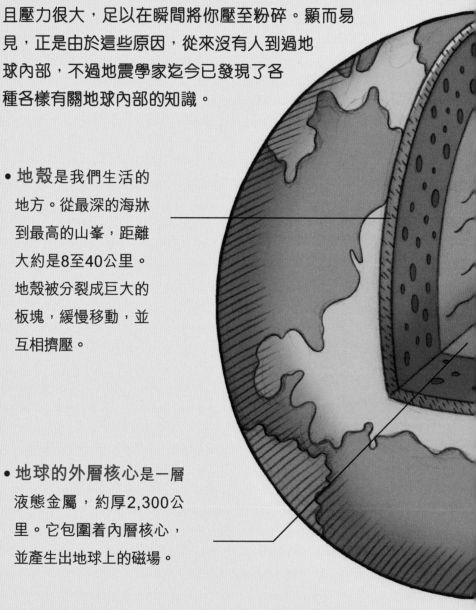

- 地殼是我們生活的地方。從最深的海牀到最高的山峯，距離大約是8至40公里。地殼被分裂成巨大的板塊，緩慢移動，並互相擠壓。

- 地球的外層核心是一層液態金屬，約厚2,300公里。它包圍着內層核心，並產生出地球上的磁場。

- 地球的地幔包覆着外層核心，它是一些滾燙的岩石，厚約3,000公里，非常緩慢地流動，就像瀝青一樣。

- 地球的內層核心是一個固態的球體，直徑長約2,400公里，主要由鐵組成。它極度熾熱——最高溫度可達攝氏7,000度——不過由於承受了許多壓力，核心中的鐵不會熔化。

- 我們能夠鑽探地殼，但我們無法鑽探地球更深層的結構。為了解地球的內部，科學家研究了地震的衝擊波（地震波）是如何傳遞的。

確認多種地球元素的
拉瓦節

　　安東萬-洛朗・德・拉瓦節（Antoine-Laurent Lavoisier，1743年－1794年）確認了組成地球的33種元素，並給氧氣命名，還製造出許多巧妙的化學物質，直至他的生命被人殘酷地劃上休止符。

法國的科學

　　1743年，拉瓦節在巴黎一個富裕的家庭出生。雖然拉瓦節曾攻讀法律，但他最終決定成為一個科學家，也許是因為對於有興趣探究新科學概念的人來說，當時的法國是個令人興奮的地方。1768年，拉瓦節成為了法國科學院的院士，那可是當時全球最鼎鼎有名的科學研究所。

萬物的基礎

　　在那個時代，關於化學的科學並未真正存在。科學家對於元素是什麼，或是為何有些物質能夠燃燒而有些物質卻不能，有着許多分歧。不少科學家的觀點源於古希臘哲學家亞里士多德（Aristotle）的「四元素説」（指事物由土、氣、火、水組成。要了解更多關於亞里士多德的資料，見第42頁），即使亞里士多德是在二千年前構想出這些概念的。

火藥實驗

　　拉瓦節曾在皇家火藥局工作，那兒擁有一個設備完善的實驗室，讓他可以做各種實驗。他發現物質雖然會改變形態──例如當物質被焚燒的時候──但不能被創造或消滅，因為物質的總量會保持一致。他發現並命名了氧氣，展示了空氣是多種氣體的混合物，又寫了一本關於化學的書。拉瓦節努力研究，將元素界定為不能再分解成更簡單部分的物質，並確認了其中33種元素（要了解研究元素的科學家德米特里·門捷列夫，見第48頁）。

砍下他們的頭

　　科學革命並非18世紀末法國發生的唯一變革。法國大革命將法國的國王與王后推翻，嘗試令工人階層獲得更平等的對待，不過當時的革命家也有將人砍頭的慣例（被砍頭的包括國王、王后與富裕的貴族），他們會採用一種名為「斷頭台」的高效砍頭機器來行刑。雖然拉瓦節協助了新政府制訂新的度量衡系統，新系統較以往的量度單位合理得多，但他也逃不過被送上斷頭台的厄運。隨着大革命繼續進行，拉瓦節也因各種被誤以為真的「罪行」，於1794年遭斷頭台處決。

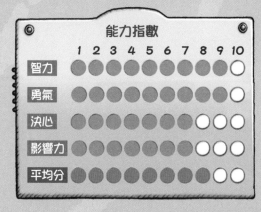

能力指數

	1	2	3	4	5	6	7	8	9	10
智力	●	●	●	●	●	●	●	●	●	○
勇氣	●	●	●	●	●	●	●	●	●	○
決心	●	●	●	●	●	●	●	○	○	○
影響力	●	●	●	●	●	●	●	●	○	○
平均分	●	●	●	●	●	●	●	●	○	○

在恐龍體內用餐的
歐文

恐龍之所以被稱為恐龍，全因為理查德·歐文（Richard Owen，1804年－1892年），而世上部分最有名的恐龍也是因為他而得到新的家園。

鑑定動物樣本

歐文在英國愛丁堡與倫敦修讀醫學，漸漸對不同動物之間的比較產生了濃厚興趣。他向收藏了各種人類與動物樣本的倫敦亨特博物館求職，獲聘為助理館長。沒多久，歐文便鑑定了博物館內全數13,000個樣本，並一一為它們加上標籤。

在恐龍體內用餐

歐文撰寫了一份報告，分析他在英國發現的爬蟲類動物化石。1842年，他是第一個使用「恐龍」（源自希臘語「deinos saurus」，意指「可怕的蜥蜴」）這個詞語來描述這些動物化石的人。他協助建立世上第一個「侏羅紀世界」，為一些實物大小的恐龍及史前生物雕像提供建議，這些雕像於1854年在倫敦的水晶宮公園展出，至今人們仍可在公園裏觀賞到這

些雕像。1853年除夕，歐文在一個未完成的禽龍模型中舉行晚宴，享用了8道菜。不過隨着新的恐龍化石出土，明顯可見歐文的說法有錯誤之處，例如他認為所有肉食恐龍都是用四腳行走的。不過那是恐龍發現之初的推論，我們就放他一馬吧！

好辯的歐文

歐文不時與其他科學家發生巨大的爭論。他否定英國科學家查理斯·達爾文（Charles Darwin）的自然選擇演化論概念，又與達爾文的好朋友托馬斯·赫胥黎（Thomas Huxley）展開漫長的爭論，而且這番爭論變得相當激烈。最終赫胥黎被視為勝利者，這肯定使壞脾氣的歐文深受打擊。

自然科學博物館

在19世紀，英國自然歷史博物館並不存在，那只是大英博物館的其中一部分。歐文致力爭取另建一間獨立的博物館來收藏化石與動物標本，最終他如願以償：這座位於肯辛頓的大型建築於1880年落成，而歐文被任命為博物館的首任總監。到1892年歐文逝世時，博物館與歐文數以百計的科學論文便成為他恆久的遺產。

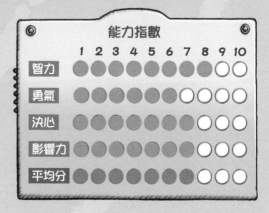

能力指數

	1	2	3	4	5	6	7	8	9	10
智力	●	●	●	●	●	●	●	●	○	○
勇氣	●	●	●	●	●	●	○	○	○	○
決心	●	●	●	●	●	●	●	○	○	○
影響力	●	●	●	●	●	●	●	●	○	○
平均分	●	●	●	●	●	●	●	○	○	○

恐龍時代 ....

恐龍生活於中生代。中生代可分為3個時期：

三疊紀時期（2.27億至2.05億年前）

侏羅紀時期（2.05億至1.44億年前）

白堊紀時期（1.44億至6,500萬年前）

三疊紀時期

第一隻恐龍就是在這時期出現，不過牠們並不是這個時期主要的陸上動物，直至到了侏羅紀時期。當時的恐龍生活在一片名為「盤古大陸」的龐大土地上，而這片土地在三疊紀末期開始分裂。當時的氣候炎熱而乾燥（南北兩極都沒有結冰），各地長有常綠樹，但沒有開花植物。第一種會飛行的恐龍——翼龍，是在接近三疊紀結束時出現的，約為2.1億年前。

侏羅紀時期

在這時期，恐龍是主要的陸上生物。恐龍的種類繁多，一些草食侏羅紀恐龍的體形極為龐大，但有些恐龍大小則與雞相若，甚至更細小。當時盤古大陸分裂成兩片大陸。最早為人所知的飛鳥是在侏羅紀時期中演化出來的，而最早期的真正哺乳類動物也是在侏羅紀時期開始於陸地上蹦蹦跳跳的。地球仍然很溫暖，極地未有結冰，不過相較三疊紀時期已沒那麼乾燥炎熱了。

白堊紀時期

在白堊紀時期，大陸進一步分裂，並各自漂流開去，稱為「大陸漂移」。就這樣，生物的棲息地出現更多變化，而更多種類的恐龍也隨演化誕生，以適應新的環境（包括在這時期末期出現的暴龍）。地球已開始冷卻，儘管極地仍沒有結冰，但第一種開花植物出現了。大部分巨大的草食恐龍已經絕種，不過在白堊紀時期結束時，所有恐龍都絕種了。據說，那是因為有一顆巨大的小行星或彗星撞向地球，引發巨大海嘯，還有大量灰塵團，遮擋了太陽，令恐龍無法適應。還有另外一個說法，大滅絕可能與火山爆發和氣候變化有關。

偵測南極大氣層的
洛夫洛克

詹姆斯·洛夫洛克（James Lovelock，1919年－）是個多才多藝的科學家，研究範疇包括醫學、太空探索與化學。不過他最為人熟悉的，則是一套改變人們對地球認知的理論。

各種科學

在英國曼徹斯特大學修讀化學後，洛夫洛克開始為醫學研究委員會工作，嘗試找出保護二戰時的士兵免受極端熱浪侵害的方法。他非常投入工作，甚至以自己的皮膚做實驗！二戰結束後，洛夫洛克到倫敦衛生與熱帶醫學院深造，取得了醫學博士學位。不過化學、極端熱浪與熱帶疾病只是他興趣的一部分……

南極的大氣層

1957年，洛夫洛克設計了一部能捕捉電子的偵測器——可用於偵測大氣層、水源或泥土中的微量污染。洛夫洛克又自行出資到南極探險，在那裏他利用自己的發明，找出大氣層中具破壞性的化學物質，被稱為氯氟烴（CFC）。CFC曾被用

於生產雪櫃及噴霧劑，但由於這些化學物質會漸漸破壞能保護地球的臭氧層，令更多可致癌的紫外線通過，所以如今已不再使用了。洛夫洛克是第一批關注人類活動影響地球的人。

火星上的生命

1970年代，洛夫洛克為美國太空總署NASA設計儀器，用來送往火星，探測火星上有沒有生命存在。令人失望的是，答案是沒有，不過洛夫洛克為火星計劃所花的工夫，卻令他想出一套關於地球的理論，按希臘神話中的大地女神，命名為「蓋亞理論」。蓋亞理論視地球為單一生命體，能夠自行調節以維持生命。自從洛夫洛克於1979年出版的首本著作中，概述了這套理論後，便招來了許多支持者與批評者的聲音。

氣候變化

除此之外，洛夫洛克也為醫學、生物學與地質學作出了貢獻，並因此獲得許多獎項。他的工作影響到科學家對於氣候變化，以至地球上生命種類逐漸消失等問題的想法。

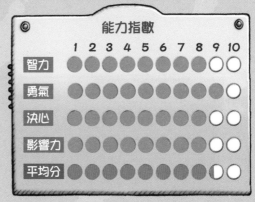

發明候風地動儀的
張衡 ....

　　張衡（78年－139年）是中國科學家、詩人與畫家，他發明了全球第一個地震偵測器。

天文發明

　　張衡於公元78年在中國出生。他出任政府官員，最終獲得國內一些最高級的職位，主要是由於他擅長的事情非常多。張衡的科學天分包括天文學（他曾是中國的「太史令」，即相等於現時的天文台台長）、數學、工程學與發明。他其中一項最令人驚歎的發明，就是渾天儀。渾天儀是一個精細的地球模型，有助天文學家找出特定的星體。它由水力推動，並利用齒輪使它沿軸心轉動。張衡利用渾天儀記錄了數以千計的星體。

精微的地震偵測器

　　張衡的另一個發明「候風地動儀」能夠偵測地震。如今我們知道地震是由組成地殼的巨大板塊活動引致，當兩塊板塊互相磨擦，地面便會震動裂開。在張衡的時代，地震被視為來自神明的徵兆。張衡的候風地動儀是一個巨大的銅壺，直徑接近2米。它的邊緣上有八條銅製的龍，各咬住一顆小球。如偵測到地震，其中一條龍便會將小球掉向下方蟾蜍雕像的嘴巴裏。掉下小球的龍代表了發生地震的大概方向。張衡的發明巧妙地利用了槓桿系統，不過至今沒有任何人知道它到底是如何運作的。公元138年，候風地動儀其中一顆小球掉下來了，顯示西方發生地震，當時無人相信它真的偵測到地

震，因為沒有人發現任何地震的徵兆。不過，數天後有信使帶來消息，説西面640公里外的地方發生了地震。

恆久的遺產

　　張衡於公元139年逝世。除了候風地動儀外，他也設計了一部用來預測天氣的機器。張衡的發明、詩歌創作與為數驚人的科學成就，令他被世人銘記。

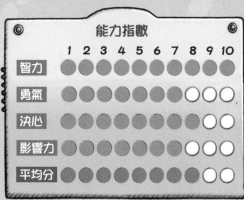

能力指數

	1	2	3	4	5	6	7	8	9	10
智力	●	●	●	●	●	●	●	●	●	●
勇氣	●	●	●	●	●	●	●	○	○	○
決心	●	●	●	●	●	●	●	●	○	○
影響力	●	●	●	●	●	●	●	●	○	○
平均分	●	●	●	●	●	●	●	●	○	○

自學成才的化石專家
貝特 ································

　　多羅西婭·貝特（Dorothea Bate，1878年－1951年）是個自學成才的化石專家，她曾遊遍世界，展開尋找化石的無畏之旅。

愛好鳥類的女子

　　貝特成長於19世紀末期的英國威爾斯鄉郊，熱愛探索大自然與觀察鳥類。她是個堅毅、有決心的人。19歲時，儘管缺乏相關資歷，貝特仍大膽向倫敦自然歷史博物館自薦，希望在鳥類展館工作，結果出人意料地獲聘了。她在鳥類展館擔任義工，並協助將博物館收藏的化石碎片分類。

冰河時期的化石

　　1898年，貝特探索位於新居附近的威河，研究河流上方的石灰石懸崖，並在威河谷地洞穴發現了一些冰河時期的化石。要抵達那個洞穴，只能先沿着一面峭壁往上爬45米，再利用一道梯子攀上懸崖。這些有一萬年歷史的化石中，包含了鼠兔與挪威旅鼠等動物的化石，牠們都已在英國絕跡了。貝特在年僅22歲時，便在一本科學期刊中發表了第一份科學報告，講述了她的發現。

島嶼上的生命

　　1901至1911年，貝特獨自出發，探索地中海的島嶼，在塞浦路斯、克里特島與巴利阿里羣島尋找偏遠的懸崖。在克里特島上，

她找到了細小的象和河馬化石，而在馬略卡島上，她又發現了體形與松鼠差不多的睡鼠，還有巨型的陸龜。貝特留意到，在孤立的島嶼上，大型動物的身體會變得較細小，而小型動物的身體則會變得較巨大，這是由於島上沒有捕食者威脅。她甚至找到一種已絕種的新物種：外觀像山羊、牙齒像鼠類的羚羊，她將這種動物命名為「洞山羊」。後來，貝特和考古學家多羅西·加羅德（Dorothy Garrod）組隊到中東，研究一處化石遺址。在這個遺址裏，他們發現了來自180萬年前的52種物種，包括早期的馬、象和犀牛。

史前謎題

1951年，貝特去世。她因擅於從少量動物骸骨中辨別出牠們的身分，以及找出牠們的生活環境與氣候，而聲名遠播。很多科學家都很懷念她，以及她破解史前謎題的過人能力。

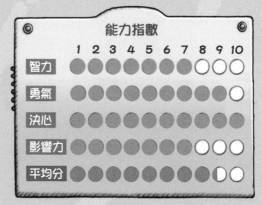

能力指數

	1 2 3 4 5 6 7 8 9 10
智力	●●●●●●●○○○
勇氣	●●●●●●●●●○
決心	●●●●●●●●●●
影響力	●●●●●●●○○○
平均分	●●●●●●●●◐○

撰寫地質學名著的
萊爾

查理斯 · 萊爾（Charles Lyell，1797年－1875年）是史上最著名的地質學家之一。他那革命性的著作長久地改變了人類對地球的看法。

地質學教授

萊爾於1797年出生在蘇格蘭高地邊界斷層的山谷中，這條斷層是地殼的裂縫，分隔了蘇格蘭的高地和低地。在當地成長的經歷肯定讓萊爾有許多想法。萊爾長大後成為了律師，然而當他的視力開始退化，他便放棄了律師的工作，改為花時間鑽研他真正感興趣的事物：地質學。1831年，萊爾成為了倫敦大學國王學院的地質學教授。不過，他在那裏的工作並不長久，因為他不認同學院的立場。數年後，他成為了英國地質學會的會長。

地質作用

1830年，萊爾出版了他最富盛名的著作《地質學原理》（*Principles of Geology*）。當時許多人相信地球的地理特徵是源於《聖經》所記載的大洪水。萊爾在著作中駁斥了這種説法，並説明在很久以前出現的地質變化，與如今出現的地質變化過程是一模一樣的。為了協助解釋自己的理論，萊爾以意大利一間神廟為例，這間神廟曾經下沉至海平面下，又在短時間內因地殼運動而重新升上水面。萊爾指出，相同的過程曾在數百萬年間塑造出山脈與谷地。不過，萊爾的理論並非完美無誤：他認為地球的變化是不斷重複地

循環，未來恐龍可能會在世界上重新
出現。

達爾文與萊爾

　　萊爾的想法影響了其他科學家
對自身研究的看法。英國科學家查爾
斯·達爾文（Charles Darwin）構想
了一套關於地球上的生物如何演化
的嶄新理論，便是從萊爾的著作中
獲得靈感的。在達爾文展開環遊世界
的旅程、對物種演化產生初步想法時，他也
有帶着萊爾的書在身邊。當達爾文結束旅程回家時，他與萊爾便成
為了親近的好友，縱然萊爾並不認同達爾文的演化論。

獲獎無數的萊爾

　　萊爾於1875年逝世。
當時他已被冊封為爵士，成
為了準男爵，並獲得不少著
名獎項。他離世之前仍忙於
修訂他的著作《地質學原
理》的第12次修訂版。

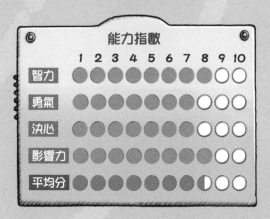

能力指數

	1	2	3	4	5	6	7	8	9	10
智力	●	●	●	●	●	●	●	●	○	○
勇氣	●	●	●	●	●	●	●	○	○	○
決心	●	●	●	●	●	●	●	●	○	○
影響力	●	●	●	●	●	●	●	●	●	○
平均分	●	●	●	●	●	●	●	●	◐	○

提出「大陸漂移說」的
韋格納 ⋯⋯⋯⋯⋯⋯⋯⋯⋯⋯⋯⋯

　　德國地質學家阿爾弗雷德・韋格納（Alfred Wegener，
1880年－1930年）參與過危機重重的極地探險，並推斷出關
於地球的其中一套最重要的理論。

嚴寒天氣

　　韋格納擁有天文學學位，不過他對天氣和氣候也着迷不
已。1906年，年僅26歲的韋格納便出發到格陵蘭探險，研究空氣如
何在北極附近循環流動。在這次探險之旅中，領隊、他的兩名同事
與雪橇犬在某次偵察活動中不幸身亡，而韋格納則平安無事返回德
國，成為了教授。不過沒多久韋格納又再次回到格陵蘭，展開另一
次危險的旅程。這次他的團隊糧食耗盡，他們被迫吃掉隨行的雪橇
犬和馬匹，幸運地最終及時獲救。

漂移的大陸

　　就在韋格納二度前往格陵蘭之前，他
從文獻中看見有人在大西洋的兩端發現了
完全相同的動物與植物化石，這事令他
陷入沉思。韋格納開始找到許多被數千
公里海洋分隔的陸地上，出現相似化石
的例子。當時的理論認為大陸之間曾經
以陸橋相連，而陸橋其後掉進了大海。
韋格納不太肯定這種說法是否屬實。

他留意到非洲和南美洲大陸的海岸線形狀相當吻合，最終得出結論，主張各片大陸在遠古時必定是連接在一起的廣闊土地。韋格納出版了一些書籍，說明他的理論，他稱這套理論為「大陸漂移說」（Continental drift）。

熾熱的岩石

許多科學家都認為韋格納的理論是胡說八道，但後來的研究證實韋格納的想法是正確的。不過他弄錯了大陸是如何自行開路越過海洋的。我們如今知道，地殼（包括在海平面以上和以下的部分）是由巨大的板塊組成的，它們之所以能夠移動，是由於它們位於一些熾熱的岩石之上，這些岩石非常熱，而且承受了巨大的壓力，就像濃稠的液體。

冰冷的命運

韋格納於1930年最後一次前往格陵蘭。在這次旅程中，當地氣溫突然急降至攝氏零下60度，其中一個隊員被迫切除被凍傷的腳趾，而食物也開始不足。韋格納與另一個同事英勇地前往另一營地尋找食物，但不幸地，兩人在路上雙雙遇難身亡。

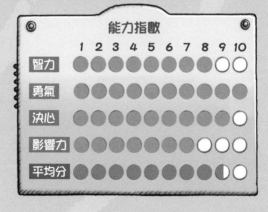

能力指數

	1	2	3	4	5	6	7	8	9	10
智力	●	●	●	●	●	●	●	●	○	○
勇氣	●	●	●	●	●	●				
決心	●	●	●	●	●	●	●	●	○	
影響力	●	●	●	●	●	●	○	○	○	
平均分	●	●	●	●	●	●	●	●	◐	○

為新科學鋪路的
洪堡

德國科學家亞歷山大·馮·洪堡（Alexander von Humboldt，1769年－1859年）改寫了未來科學家的研究方法，並為兩種全新的科學鋪路。

南美歷險

洪堡是個出身富裕的年輕人，擁有許多研究興趣：地質學、解剖學、天文學，還有各種語言等。他成為了德國採礦業的地質專家，不過他一直夢想遊歷異國。1797年，洪堡辭去了自己的工作，決定去實現夢想。1799年，他與朋友法國植物學家埃梅·邦普蘭（Aimé Bonpland），一同前往墨西哥、古巴和南美地區，展開長達5年的探險之旅。

冒險與探索

洪堡與邦普蘭靠着步行、騎馬和划艇，在拉丁美洲走了近40,000公里。他們的冒險旅程並不輕鬆，他們必須對抗極度炎熱與潮濕的天氣、一大羣叮人的蚊蟲、茂密的叢林、隨時爆發的活火山，還要克服登上安第斯山脈的高峯時出現的高山反應。兩人為他們探索過的地方繪圖標注，記錄了關於氣溫、天氣與地質的大量資料，搜集了許多植物（包括含有劇毒的箭毒植物，部落居民會用來沾染毒箭）和動物（包括電鰻，牠們曾給洪堡一次慘痛的電擊！）

精彩的著作

洪堡於1805年離開南美洲，搬到法國巴黎生活。他利用此前搜

集到的資料，撰寫了一系列著作，並在之後20
年間陸續出版。他是最早提出各片大陸曾經
連接在一起的科學家之一，特別是南美洲和
非洲——過了很久之後，在20世紀初期，
德國科學家韋格納（見第31頁）終於為大陸
漂移這種説法找到證據。洪堡的著作以全新的
方式呈現科學的資料：舉例説，他是第一個利用
等壓線來將氣温與氣壓相同的地區連接起
來的科學家。最重要的是，洪堡展示了生
物與牠們的生活環境是如何聯繫起來的。

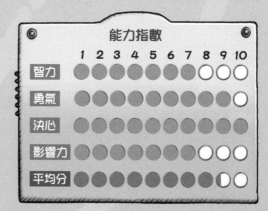

科學名人

　　洪堡在他有生之年中成為了科學界的名人。他以嶄新的方式呈
現科學發現，改寫了未來科學家研究的路向，而他的研究工作亦為
生物地理學（研究生物如何分散至世界各地的學科）與氣候學奠定
基礎。由於前往探險與出
版書籍的成本不菲，洪堡
晚年時並沒有多少錢，不
過他仍然對年輕的科學家
非常慷慨。洪堡於90歲時
離世，當時仍在撰寫關於
宇宙的第5冊著作《宇宙》
（*Kosmos*）。

能力指數

	1	2	3	4	5	6	7	8	9	10
智力	●	●	●	●	●	●	●	○	○	○
勇氣	●	●	●	●	●	●	●	●	●	○
決心	●	●	●	●	●	●	●	●	●	●
影響力	●	●	●	●	●	●	●	○	○	○
平均分	●	●	●	●	●	●	●	●	○	○

窺探火山爆發的
克拉夫特夫婦 ....

克拉夫特夫婦堪稱史上其中兩個最富冒險精神的科學家：他們敢於在火山邊緣窺探火山爆發的情況！

對火山的熱情

卡蒂婭·穆爾豪斯（Katia Mulhouse，約1940年－1991年）與莫里斯·克拉夫特（Maurice Krafft，約1940年－1991年）有許多共通點：他們都是在1940年代出生於法國，而且他們都被火山徹底迷住了。兩人在大學相識，成為了非常要好的朋友。他們其後結為夫婦，並一起儲錢前往斯通波利島（意大利西西里島沿岸的一個小型火山島，過去二千年來不時爆發，有時爆發情況極為壯觀）。克拉夫特夫婦以文字記錄了火山爆發的情況，還拍下了現場的照片。外界非常熱衷於觀看他們的遊記，讓他們發現自己可以將最大的嗜好化為事業──他們決定要環遊世界，觀看不同的火山爆發！

記錄火山爆發

克拉夫特夫婦經常率先抵達火山爆發現場。當其他人都飛奔逃離爆發地點時，克拉夫特夫婦卻會向着火山直跑，希望找到更好的觀賞位置！他們關於火山爆發的錄影、照片與報告不僅令火山狂熱者與其他科學家產生興趣，連致力保護城市、避免城市受火山爆發影響的政府，也非常關注他們。當克拉夫特夫婦向菲律賓總統展示他們拍攝的內瓦多·德·魯伊斯火山爆發影片時，他們成功說服阿基諾夫人將位於菲律賓的另一個火山──皮納圖博火山周邊地區的

居民疏散。克拉夫特夫婦的工作挽救了數以百計的生命。

危險的火山

有時候，克拉夫特夫婦會到達距離熔岩流數米以內的地方。他們知道自己的行為非常危險，很容易便會喪命，不過由於對火山非常熱愛，令他們無法自控地繼續冒險。克拉夫特夫婦加入了一隊精英雲集、英勇無畏的火山專家團隊，一行約50人都敢於接近火山。

灼熱的終結

克拉夫特夫婦記錄了數以百計的火山爆發，拍攝了超過300小時的影片和數以千計的照片，還出版了19本關於火山的書籍。不幸的是，1991年，當克拉夫特夫婦在日本的雲仙岳火山拍攝爆發的情況時，遭受到突如其來的火山碎屑流侵襲（那是從火山邊緣往下噴發的氣體與岩石流，速度驚人，溫度極高），他們與另外41人，包括科學家、消防員和記者當場身亡。

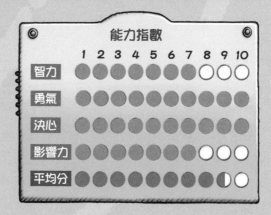

能力指數

	1	2	3	4	5	6	7	8	9	10
智力	●	●	●	●	●	●	●	○	○	○
勇氣		●	●	●	●	●	●	●	●	●
決心		●	●	●	●	●	●	●	●	●
影響力	●	●	●	●	●	●	●	○	○	○
平均分	●	●	●	●	●	●	●	●	◐	○

延伸知識

劇烈爆發的火山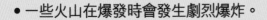

　　克拉夫特夫婦為火山着迷的原因顯而易見：火山是地球最戲劇性的面貌之一，也肯定是最具爆炸性的！

- 當赤熱、熔化的岩石從地殼下推擠，並湧上地面時，便形成了火山。

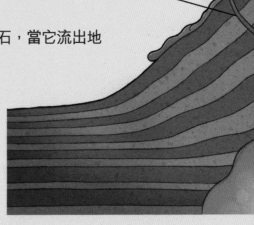

- 一些火山在爆發時會發生劇烈爆炸。

熔岩岔道

- 岩漿是指仍在地面下的熔化岩石，當它流出地面後便稱為熔岩。

- 火山碎屑流是一些熾熱的氣體和岩石，沿火山的邊緣噴發，時速可達700公里，溫度高達攝氏1,000度。

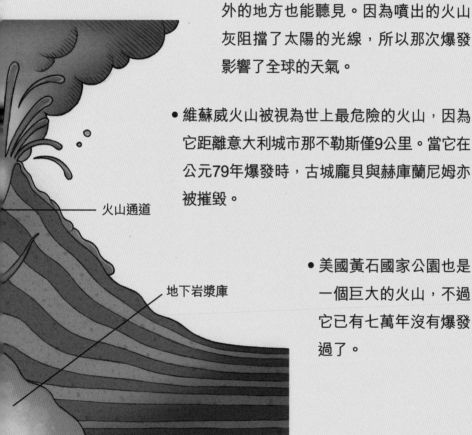

- 有紀錄以來最大規模的火山爆發發生於印尼的坦博拉火山。它在1815年爆發，死難者達數以萬計，而爆發時的巨響遠在2,000公里外的地方也能聽見。因為噴出的火山灰阻擋了太陽的光線，所以那次爆發影響了全球的天氣。

- 維蘇威火山被視為世上最危險的火山，因為它距離意大利城市那不勒斯僅9公里。當它在公元79年爆發時，古城龐貝與赫庫蘭尼姆亦被摧毀。

火山通道

地下岩漿庫

- 美國黃石國家公園也是一個巨大的火山，不過它已有七萬年沒有爆發過了。

- 圍繞太平洋邊緣的「火環帶」是易受火山爆發與地震威脅的地區，那是因為地殼中的板塊在這裏匯合。火環帶中有452個火山，而地球上的大部分地震都是在這裏發生的。

發現了驚人化石的
安寧

瑪麗·安寧（Mary Anning，1799年－1847年）幾乎每天都在英國多塞特郡海岸展開搜尋化石的任務，回溯了數百萬年的光陰。

侏羅紀海岸

1799年，安寧出生於英國多塞特郡城市萊姆里傑斯，那裏的海岸在今天被稱為「侏羅紀海岸」，因為在那裏可以找到大量來自2億年前侏羅紀時期海洋的生物化石。在安寧身處的年代，沒有人知道這些化石是什麼。安寧的父親是個木匠，不過也會在海岸搜集化石，清理乾淨後出售。他把這些技巧通通傳授給安寧。這些化石被視作「奇珍異寶」，安寧會協助父親在海灘上的一個小攤檔售賣化石。

奇珍異寶

安寧的父親在她11歲時便去世了。一家人原本已經清貧度日，之後的情況就更加惡劣了。安寧在愛犬特雷的陪同下，繼續到海邊尋找「奇珍異寶」，除了要小心翼翼地避免遭懸崖上掉下的石塊砸中外，也要提防危險的潮汐與海浪。她發現了箭石和菊石，還有爬蟲類和魚類化石，不過她第一次發現重大的化石是在1811年，而當時她的哥哥約瑟則發現了一塊頭骨化石。安寧花了數個月的時間，終於將一塊幾乎完整無缺的魚龍化石從懸崖上鑿下來，那時候人們還以為它是「鱷魚」化石。安寧將化石賣給當地一個莊園的領主，領主再將化石轉售給倫敦一間博物館。這塊化石為安寧帶來一些收

入，而她作為化石搜索者的名
聲也開始漸響。

美妙的化石

安寧其後發現了更多驚人
的化石：完整的蛇頸龍骨骼化石（那
是侏羅紀時期一種會游泳的巨大爬蟲類
動物），一具被稱為「飛龍」的翼手龍化石，還有許多其他化石。
安寧在科學界變得相當有名。雖然她沒有正式受過教育，但是她會
讀會寫，並憑着自學，掌握到地質學與解剖學的專業知識，令其他
科學家都很重視她的專業。安寧的特殊興趣之一，就是搜集糞便化
石（後來被英國科學家布克蘭取名為「糞化石」，見第11頁）。

非凡的化石搜尋者

安寧因罹患癌症離世，終年僅47歲。當時地質學已被確定為科
學，而安寧則被視為化石與
搜尋化石的專家。她的發現
為地球歷史的嶄新科學概
念，還有曾經在地球上出現
的動物提供了重要證據。

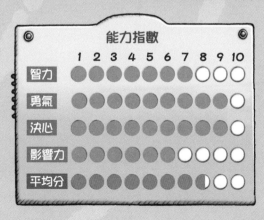

能力指數									
1	2	3	4	5	6	7	8	9	10
智力	●	●	●	●	●	●	●	○	○	●
勇氣	●	●	●	●	●	●	●	●	●	○
決心	●	●	●	●	●	●	●	●	○	●
影響力	●	●	●	●	○	○	○	○	○	●
平均分	●	●	●	●	●	●	●	◐	○	○

與牛頓爭論的科學家
虎克 ....

　　羅伯特·虎克（Robert Hooke，1635年－1703年）是個頭腦非凡的科學家，他的興趣與成就遍及地理學、天文學、數學與建築學，並致力研究地球的岩石、化石與天氣。

皇家學會

　　虎克在1635年出生於英國的懷特島。他在牛津大學求學時，認識了著名的化學家羅伯特·波義耳（Robert Boyle），並擔任波義耳的助手7年。波義耳是一個科學家小組的成員，他們會定期會面，談論科學。到了1660年，他們成立了皇家學會，如今皇家學會已成為全球最重要的科學研究機構。皇家學會每星期都有聚會，虎克則成為了學會第一個實驗室主管。他的職責是進行實驗，還有維護實驗室的設施。

小小世界

　　1665年，虎克成為了倫敦格雷沙姆學院的幾何學教授。同年，皇家學會出版了虎克的著作《顯微圖譜》（*Micrographia*），書中呈現了虎克利用顯微鏡觀察到的生物與其他物件——包括一隻跳蚤、一根蜂螫、一片雪花，還有一個獨立的細胞——全都是由虎克繪畫，細節精巧得令人嘖嘖稱奇。此前人們從未見過任何類似的東西，這本書令虎克聲名大噪。《顯微圖譜》裏也有關於木材化石的記載。虎克將木材化石的結構與存活的木材互相比較，認為這種化石與其他化石，例如菊石等都

是生物的遺骸，當中包括已經絕種的生物化石，可以為地球的歷史提供線索。

興趣與發明

虎克的興趣廣泛，又擅長於許多科學範疇：他曾研究萬有引力（最終和發現萬有引力的科學家艾薩克·牛頓爆發了激烈的爭論），還有天文學、時鐘製作與建築學。1666年倫敦大火發生後，虎克是重建倫敦的負責人之一。虎克的發明包括彈簧、垂直推拉窗、手錶發條、海洋氣壓計，還有一種用來量度風速的儀器。氣象學也是他的另一興趣。

晚年生活

度過了充滿名譽、成功與科學發現的人生後，虎克的一生卻迎來慘淡的結局。與牛頓爭論過後，虎克在餘生的數年裏一直把自己關起來，並於1703年與世長辭。

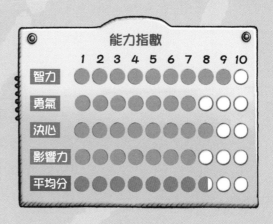

能力指數

	1	2	3	4	5	6	7	8	9	10
智力	●	●	●	●	●	●	●	●	●	○
勇氣	●	●	●	●	●	●	●	○	○	○
決心	●	●	●	●	●	●	●	●	○	○
影響力	●	●	●	●	●	●	●	●	○	○
平均分	●	●	●	●	●	●	●	●	○	○

亞里士多德 ·······················

古希臘超級科學家亞里士多德（Aristotle，公元前384年－公元前322年），是世上其中一個最早以科學方法思考各種事物，包括思考地球的人。

馬其頓與雅典

亞里士多德18歲時，從古希臘北部邊陲的馬其頓前往雅典，跟隨哲學家柏拉圖（Plato）學習。由於亞里士多德實在太喜歡柏拉圖的學院了，他此後留在學院裏20年，直至柏拉圖逝世為止。之後，亞里士多德成為了馬其頓國王之子亞歷山大（Alexander the Great）的老師（亞歷山大其後因征服了一個幅員廣大的帝國，被稱為「亞歷山大大帝」）。亞里士多德及後在雅典創立了「呂克昂學院」，並撰寫了大量不同主題的著作。

亞里士多德的地球

亞里士多德其中一本著作名為《氣象學》（*Meteorology*）。現今這個詞語的意思是關於天氣的學科，不過亞里士多德則用這個詞語代表關於地球、大氣與海

洋，還有天氣的研究。他發現太陽會令水蒸發，變成水汽，然後水汽會凝結成雲，再落到地面，形成雨。亞里士多德又利用他的超級腦袋去探究雷雨、彩虹、彗星、風和地震（他認為地震是由地面下的風引起的）。他發現地球在一段非常漫長的時間裏不斷變化（例如有時候原本是大海的範圍變成了乾燥的陸地），並認為這是由於地球會成長，同時部分地方會死去。亞里士多德並未正確地說明關於地球的一切，不過他是其中一個最先察覺到地球是非常古老的人。數百年後，人們仍未能掌握這個概念，因此查理斯·萊爾（見第28頁）等科學家需要多番解釋去說服他們。

恆久的名譽

　　亞里士多德的前學生亞歷山大大帝攻克了整個帝國，國土伸展至印度，亦包括了雅典。亞里士多德在亞歷山大大帝逝世的那一年（公元前323年）離開了雅典，回到馬其頓，一年後他在那兒去世。時至今日，距離亞里士多德逝世已超過二千年，人們仍會閱讀他的著作。

能力指數

	1	2	3	4	5	6	7	8	9	10
智力	●	●	●	●	●	●	●	○	○	○
勇氣	●	●	●	●	●	●	○	○	○	○
決心	●	●	●	●	●	●	●	○	○	○
影響力	●	●	●	●	●	●	●	●	○	○
平均分	●	●	●	●	●	●	●	◐	○	○

極端天氣小測試

現在我們對天氣的了解已遠多於亞里士多德（我們甚至能夠從太空觀察地球上的天氣！）。不過我們無法控制天氣，而天氣可能令人非常擔憂。隨着地球因氣候暖化而變得越來越熱，地球上的極端天氣現象變得越來越多，並且出現得越來越頻密。你對極端天氣的認識又有多少呢？

1. 世界上哪一個地方最有可能讓你看見龍捲風？

   A. 中歐

   B. 南印度

   C. 美國中部

2. 在中美洲國家洪都拉斯的城市約羅，每年都會發生什麼不尋常的天氣現象？

   A. 降下像足球般巨大的冰雹

   B. 下沙甸魚雨

   C. 出現嚴重洪災

3. 龍捲風內的風旋轉速度有多快？

   A. 每小時100公里

   B. 每小時300公里

   C. 每小時500公里

4. 颶風、颱風和氣旋有什麼不同？

    A. 颶風是威脅最強的，其次是颱風和氣旋

    B. 颶風會伴隨雷聲與閃電，颱風是多雨潮濕的，而氣旋會帶來大風，但雨量不多

    C. 颶風出現於大西洋與東太平洋，颱風出現於西太平洋，而氣旋則出現於印度洋

5. 全球最嚴重的冰雹災害發生在哪一個地方？

    A. 加拿大東部

    B. 印度和孟加拉

    C. 俄羅斯

6. 美國在1930年代發生的嚴重旱災被命名為什麼？

    A. 黑色風暴事件

    B. 大沙漠事件

    C. 乾渴之年

答案：

1. C 「橫掃歐亞大陸」，曾經重創了美國中部、大多經緯過歐洲、佛吉尼亞州與佛羅里達州、維羅納斯州及阿拉斯加州。世上最嚴重的龍捲風即於1989年於孟加拉國發生。

2. B 許多世紀以來，在不同地區的不同文化中，暴雨前莊其他生物的行為，不過冰雹被視為神的憤怒。幾乎每年都會導致不少傷亡。

3. C 這些地球上種東高而的風圈。

4. C 它們其實都相同的重點，強烈熱帶風暴。不過它們的名字取決於它們最初形成的區域。

5. B 印度與孟加拉因發生最嚴重因水風暴受傷甚至死亡。另外，有紀錄以來最巨大的冰雹出現在美國——名的直徑達18厘米。

6. A 美國中部地州的連續多年的乾旱災令乾涸地區變得乾枯，造成大規模的沙塵暴。

發明華氏溫標的
華倫海特 ····································

　　丹尼爾·加布里埃爾·華倫海特（Gabriel Daniel Fahrenheit，1686年－1736年）發明了一個可靠的溫度計及量度溫度用的溫標，直至今天仍被普遍使用。

吹製玻璃

　　華倫海特1686年出生於波蘭，但一生大部分時間都在現今荷蘭一帶地區生活。有一天，華倫海特的父母同告身亡（他們進食了有毒的蘑菇），當時15歲的華倫海特便接受訓練，希望成為阿姆斯特丹的商人。不過他對科學的興趣更為濃厚，於是開始遊歷歐洲各地，學習科學知識，並與著名的科學家見面。最終他在荷蘭的海牙定居，成為了一個吹製玻璃工人，專門生產氣壓計（用於量度大氣壓力的儀器）、測高儀（用於量度高度的工具），還有溫度計（用於量度氣溫）。

不可靠的溫度計

　　早期的溫度計並不是非常準確，因為當時的科學家並不確切了解液體的特性。例如水不一定在相同的溫度下沸騰或凝固：華倫海特發現，有可能將水的溫度降至比冰點更低，但同時不致令它凝固成冰，而水的沸點與大氣壓力有關。他是首個製

作水銀溫度計的人。水銀是一種膨脹程度比較穩定而且可以預計的物質，結合更佳的玻璃製作技術，還有圓柱狀的軸心，令華倫海特製作出更準確的溫度計。

華氏溫標

華倫海特又發明了一套量度溫度的標準，其中將水的冰點定為華氏32度，沸點定為華氏212度。這套溫標獲廣泛使用了數個世紀，如今仍在美國及其他少數國家通行。不過瑞典科學家安德斯·攝爾修斯（Anders Celsius）於1742年發明了另一套溫標，將水的冰點設為攝氏0度，而沸點則設為攝氏100度，這套溫標如今更常被採用。

其他發明

除了可靠的溫度計外，華倫海特還發明了其他東西，包括用於量度引力與液體強度的儀器，還有一個可測量大氣壓力的工具。他離世時只有50歲，當時剛發明了一部機器，用於抽走積水，開墾土地。

能力指數

	1	2	3	4	5	6	7	8	9	10
智力	●	●	●	●	●	●	●	○	○	○
勇氣	●	●	●	●	●	●	○	○	○	○
決心	●	●	●	●	●	●	●	●	○	○
影響力	●	●	●	●	●	●	●	○	○	○
平均分	●	●	●	●	●	●	●	○	○	○

創作元素周期表的

門捷列夫 ....

　　德米特里·門捷列夫（Dmitri Mendeleev，1834年－1907年）發明了一套系統，可將構成地球的各種元素一一分類。

教科書的挑戰

　　門捷列夫是19世紀俄羅斯聖彼得堡國立科技學院的化學系教授。他認為教科書的水平參差，不適合學生使用，因此他決定自行編寫教科書，當中包括一套將化學元素分類的系統，而這個目標其後證實是相當棘手的任務。

化學元素

　　元素是一種只由一種原子組成的物質，不能被分解成其他物質。元素可以是天然存在的，也可藉由人工方式製造出來，天然元素包括金（gold）、碳（carbon）、氫（hydrogen）等，而人工產生的元素則包括鈇*（flerovium）與鉝*（livermorium）。門捷列夫經常苦思如何將元素以有用的次序排列起來，當時人類已知的元素只有63種，部分還是不久前才被發現的。不過到了今天已有118種元素！

元素周期表

　　元素是由原子組成的，而不同元素的原子可以藉由將它們的重量與最輕的元素氫對比而分辨出來，因此每種元素都有不同的「原子量」。門捷列夫自製元素卡，將各種元素按原子量多少，由最輕

*鈇：粵音夫。
*鉝：粵音立。

的（氫）開始排列起來。他發現這個方法會產生一種不斷出現的規律：有相似特性的元素總是會排列成行。到了1869年，門捷列夫終於完成了他的傑作：元素周期表。他不僅製作出一個有用的參考工具，提供了每種元素的資料，還有助推斷未被發現的

元素，並在表格中為它們預留空間。隨着新元素不斷被發現，門捷列夫元素周期表中的空格便漸漸地填滿了。

舉世知名的表格

　　其他科學家陸續開始採用門捷列夫的元素周期表，特別是一些他在表中推測存在的元素被發現之後。門捷列夫因他的發明而獲得不少獎項，並變得舉世知名，不過他並沒有因名譽而改變 —— 他仍然不修邊幅，深受學生歡迎，而且出門時總是乘坐三等客艙，好讓自己能與普羅大眾談天說地。

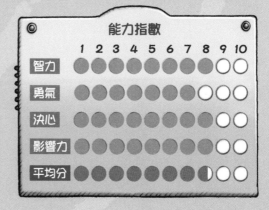

能力指數

　　　　　　1 2 3 4 5 6 7 8 9 10
智力
勇氣
決心
影響力
平均分

最先發現地球危機的
卡森 ··

蕾切爾·卡森（Rachel Carson，1907年－1964年）是其中一個最先發現人類對地球會造成可怕影響的人。

鄉郊生活

卡森出生於1907年。她在美國賓夕法尼亞州一個農場裏成長，熱愛鄉郊與野生動物，並會將這一切書寫下來——她甚至曾在年僅10歲時首次獲一本雜誌刊登她創作的動物故事。卡森其後在大學攻讀英文系，不過沒多久便轉到生物系，決心成為一個海洋生物學家。

與魚類為伴

在20世紀上半葉，女性很難找到海洋生物學家相關的工作。卡森只能在馬里蘭大學教授動物學，同時在報章撰寫文章，並繼續進修。最終她在美國漁業局找到擔任生物學家的工作，其後又出任漁業局出版物的總編輯，並參與撰稿。有一間出版社偶然發現了卡森寫的文章，並邀請她親自撰寫關於海洋的專著。由於這些著作很受歡迎，卡森便辭職成為了全職作家。

受污染的地球

　　卡森發現噴灑在農作物上的化學劑不僅會殺滅破壞農作物的生物，即化學劑原本要對付的目標，它們還會殺死其他昆蟲及進食昆蟲的雀鳥。其中一種遺害最嚴重的化學劑，就是名為DDT（雙對氯苯基三氯乙烷）的強力殺蟲劑，原是專為殺滅叮人且傳播疾病的蚊子而製造的。卡森於1962年出版的著作《寂靜的春天》（*Silent Spring*）講述這個問題，指出如果人類不停使用有害的化學物質，將對自然世界造成毀滅性的後果。這本書非常暢銷，當中的信息有助觸發一場環保運動。DDT最終被禁止使用，當中部分的原因是由於卡森的著作及她的研究。

環境保護遺產

　　卡森於1964年逝世，生前見證了她最著名的作品《寂靜的春天》的成功，不過卻未料到她改變了後世對地球的看法。不少表揚環保工作的獎項，還有野生動物庇護所與保育區都以她的名字來命名。

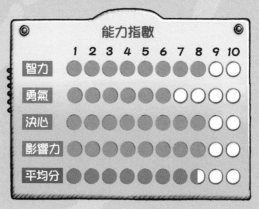

能力指數

	1	2	3	4	5	6	7	8	9	10
智力	●	●	●	●	●	●	●	●	○	○
勇氣	●	●	●	●	●	●	○	○	○	○
決心	●	●	●	●	●	●	●	●	●	○
影響力	●	●	●	●	●	●	●	●	●	○
平均分	●	●	●	●	●	●	●	●	○	○

研究岩石與礦物的先驅
泰奧弗拉斯托斯 ....

就像他的老師亞里士多德一樣，古希臘人泰奧弗拉斯托斯（Theophrastus，約公元前371年－約公元前287年）曾探究過許多不同的範疇，包括植物學與天氣，並撰寫過相關著作。他是其中一個以科學方式研究地球岩石與礦物的先驅。

啟發思考的學院

泰奧弗拉斯托斯大約公元前371年出生於希臘萊斯沃斯島。他曾前往雅典，在柏拉圖的學院學習，其後改為到亞里士多德的呂克昂學院學習。亞里士多德逝世後，泰奧弗拉斯托斯便成為了呂克昂的負責人，為時36年，期間學院不斷擴張，為更多學生提供教育。

大量書籍

泰奧弗拉斯托斯將一生奉獻予教學與追尋知識，他曾不斷反覆思考關於世界與人類的種種事情，並有極其大量的相關寫作。他的著作主題包括植物學（他撰寫的植物學著作直至中世紀仍被人閱讀及應用）、哲學、倫理學、天文學、生物學、數學與物理學。現在距離泰奧弗拉斯托斯撰寫著作已經超過二千年，因此流傳下來的著作並不多。其中一本散失的著作

是關於天氣的，內容包括各種天氣徵兆與預測天氣的方法。

岩石的基礎

　　泰奧弗拉斯托斯撰寫的岩石與礦物著作——《論石》
(On Stones)，仍然流傳至今。書中他描述了岩石與寶石，並嘗試
將它們分門別類。他形容了不同種類的雲石，例如綠寶石和金屬
礦石，又談及浮石是由火山噴出的熔岩所形成的。泰奧弗拉斯托
斯也撰寫了採礦的部分——塞浦路斯擁有著名的銅礦，而雅典附
近則有銀礦，他用整本書的篇幅談及礦藏（不過那一本書並未在
歲月的洪流中保存下來）。《論石》中甚至提及了化石。泰奧弗拉
斯托斯的研究為地質學鋪了路。

時光苦短

　　泰奧弗拉斯托斯大約於公元前287年去世，終年85歲，雅典的
民眾為他舉行盛大的公開喪禮。儘管泰奧弗拉斯托斯已活過了漫長
歲月，他仍不時抱怨生命太
短暫，而他自己的人生結束
得太快。不過泰奧弗拉斯托
斯透過他的著作而繼續存
在，這些著作到今天仍獲世
人閱覽。

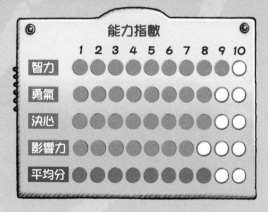

「骨頭先生」
布朗 ....

　　巴納姆・布朗（Barnum Brown，1873年－1963年），人稱「骨頭先生」，他是歷來最偉大的化石獵人之一，並第一次將暴龍介紹給全世界。

骨頭狂潮

　　1870年代，布朗成長期間正值第一次爭相尋找化石的「骨頭大戰」，這場大戰是由古生物學家奧塞內爾・查利斯・馬什（Othniel Charles Marsh）與他的死對頭愛德華・德林克・科普（Edward Drinker Cope）引起的（他們的競爭相當醜陋、過火）。布朗曾在他位於美國中西部堪薩斯州的家園附近搜集到不少化石，猶如建立了一個迷你的化石博物館。他經過培訓，成為了一個地質學家，在紐約的美國自然歷史博物館開始工作，並一路晉升，從場館助理變成了負責館內所有恐龍收藏品的主管。博物館內大部分化石──那裏的化石數量多得驚人──都是由布朗搜集得來的。

可怕的暴龍

在20世紀的首10年，布朗一直在美國蒙大拿州東南部的地獄溪地層搜尋化石。一些顎骨碎片令他相信當地一定有一頭龐大的史前巨獸靜待被發現，而他的推測正確。1902年，布朗發現了有紀錄以來首塊暴龍化石。他的發現馬上引起轟動，而他也成為了首位知名古生物學家，常常穿着招牌皮草長大衣，在美國各地巡遊講學。

分布廣泛的化石

在地獄溪尋獲暴龍化石後，布朗此後60年不斷到世界各地尋找化石。他在加拿大的紅鹿河岸發現艾伯塔龍的化石與足印，在危地馬拉的雨林中找到巨型地懶化石，還在緬甸發現了一種全新的史前靈長類動物的化石。在搜索化石的同時，布朗為採礦公司與油公司工作，並為美國政府擔任間諜，搜集原油與礦物儲藏的情報。

可觀的收藏品

布朗擅於找出一些可能會發現化石的地點。到了1930年，美國自然歷史博物館已擁有全球最大規模的恐龍骨骼化石藏品，這大多歸功於布朗。布朗在1963年逝世，享年89歲，他搜集了部分至今為止最重要的化石。

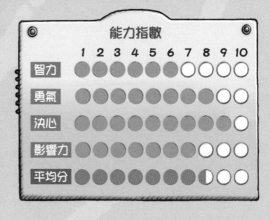

能力指數

	1	2	3	4	5	6	7	8	9	10
智力	●	●	●	●	●	●	●	○	○	○
勇氣	●	●	●	●	●	●	●	○	○	○
決心	●	●	●	●	●	●	●	●	○	○
影響力	●	●	●	●	●	●	○	●	○	○
平均分	●	●	●	●	●	●	●	○	○	○

如何製作化石 ....

化石是古代動物與植物的遺骸（有時也會是其他東西）。化石能否形成需要相當多的運氣。

舉例說，一頭恐龍從懸崖上掉進大海裏淹死了，之後牠會沉沒到滿布泥濘的海底，而碰巧海底沒有任何食肉動物將牠整頭吃掉。恐龍剛好被卡在泥濘中，身體開始腐爛，只留下骨骼。泥濘其後受壓變成岩石，而恐龍的骨骼被藏在其中。恐龍的牙齒與骨頭會漸漸被侵蝕，在岩石之中留下空間，再被礦物質填滿。接着，經過數千甚至數百萬年後，一個化石獵人來到，認出了牙齒或骨頭的形狀，確定那是化石。

雖然你沒有數千年的時間來製作真正的化石，但仍可一嘗製作化石的滋味。在開始動手前，記得徵求大人同意啊！

你需要：

- 手工藝黏土
- 白膠漿
- 用來壓進黏土中，製作「化石」的物件（你可以用細小的塑膠恐龍）

做法：

1. 將預備好的物件壓進黏土裏，不要做出太深的壓痕，不然白膠漿要很長時間才能乾透（那麼你真的要等數千年才能製作出化石！）想像黏土就是厚泥濘，而你所選用的物件（如：塑膠恐龍）就是沉沒在泥濘裏的動物，它腐化消失，泥濘同時在數百年間變成了岩石。

2. 移走黏土中的物件，讓黏土上留下壓痕。這是動物骨骼在岩石中留下的空間。

3. 現在以白膠漿填滿壓痕，想像白膠漿就是滴進岩石空間的礦物質。

4. 讓白膠漿風乾一整晚。風乾所需的時間視乎製造出來的壓痕有多深，還有空氣有多乾燥，你可能需要等待更長的時間，白膠漿才能乾透。

5. 等白膠漿乾透後，小心地將它從黏土中拆出來，同時幻想你是個古生物學家，剛鑿開了岩石的表層，發現了一副骨骼。而你的化石應該能夠展現原來物件的所有特徵。

大事紀

約公元前384年

古希臘哲學家亞里士多德出生，他其後撰寫了許多關於地球的書籍。

約公元前371年

泰奧弗拉斯托斯出生，他是其中一個最早撰寫關於岩石與礦物著作的人。

公元前276年

愛拉托散尼出生，他量度了地球的大小與傾斜角度。

公元138年

張衡的候風地動儀偵測到640公里外發生的地震。

公元1635年

科學天才羅伯特·虎克出生。

公元1686年

丹尼爾·加布里埃爾·華倫海特出生。他其後製作了準確的溫度計，還發明了量度溫度的標準。

公元1743年

安東萬-洛朗·德·拉瓦節出生。他其後發現了地球的33種元素。

公元1799年

亞歷山大·馮·洪堡出發前往拉丁美洲，展開探索之旅。

公元1811年

瑪麗·安寧在多塞特郡海岸發現了一塊魚龍化石。

公元1824年

威廉·布克蘭將一種化石動物命名為「巨龍」，為第一種被命名的恐龍。

公元1830年
查理斯‧萊爾出版了《地質學原理》。

公元1842年
理查德‧歐文首次採用了「恐龍」一詞。

公元1869年
德米特里‧門捷列夫完成了元素周期表。

公元1878年
化石專家多羅西婭‧貝特出生。

公元1880年
提出「大陸漂移說」的阿爾弗雷德‧韋格納出生。

公元1902年
巴納姆‧布朗發現首塊暴龍化石。

公元1936年
英格‧雷曼發表關於地球固態核心的理論。

公元1962年
蕾切爾‧卡森的著作《寂靜的春天》出版，促使環保運動展開。

公元1979年
詹姆斯‧洛夫洛克出版著作，講述他的「蓋亞理論」。

公元1991年

兩位火山專家莫里斯與卡蒂婭·克拉夫特在日本的一次火山爆發中身亡。

詞彙表

哲學：
關於知識、真理與人生意義的學科。（p. 8, 9, 16, 42, 52）

解剖學：
關於身體結構的學科。（p. 32, 39）

建築學：
關於如何設計建築物的學科。（p. 40, 41）

地質學：
關於岩石與地球的學科。（p. 10, 11, 23, 28-30, 32, 39, 53, 54）

氣象學：
關於天氣的學科。（p. 41, 42）

考古學家：
透過研究古人遺物、了解過去歷史的科學家。（p. 27）

植物學家：
研究植物的科學家。（p. 32）

古生物學家：
專門研究化石的科學家。（p. 54, 55, 57）

小行星：
一種岩質太空物體，體積較一顆行星細小。（p. 13, 21）

彗星：
由冰與塵埃組成的球體，會圍繞太陽運行。（p. 21, 42）

大氣層 ：
包圍着地球的一層空氣。（p. 6, 22）

凝結 ：
指氣體轉變為液體的過程。（p. 43）

蒸發 ：
指液體轉變為氣體的過程。（p. 43）

氣候變化 ：
即地球各地的氣候與天氣在一段長時間內出現改變，部分是由人類的活動引起。整體而言，地球的氣溫正不斷上升，這現象稱為全球暖化。（p. 21, 23）

夏至 ：
一年中白晝最長的一天，即太陽在天上的時間最長。（p. 9）

旱災 ：
長時間降雨量極少或不降雨的現象。（p. 45）

污染 ：
指有害物質令空氣、土地或水源變得骯髒、有毒或不安全。
（p. 22, 51）

龍捲風 ：
猛烈、具破壞力的風暴。強風會在漏斗形的雲內旋轉。（p. 44, 45）

海嘯 ：
巨型、具破壞力的海浪，通常是由地震或火山爆發引起的。（p. 21）

棲息地 ：
動物或植物生長居住的特定地方。（p.21）

靈長類動物 ：
包括猿、獼猴、狐猴、懶猴、眼鏡猴等動物。（p.55）

絕種：
指生物族羣全數死亡。（p.21, 27, 41）

化石：
很久以前死亡的生物遺骸或印痕。
（p.6-7, 10-11, 18-19, 26-27, 30, 38-41, 53-57）

殺蟲劑：
一種化學劑，專門用於殺滅害蟲，例如昆蟲或其他會破壞
農作物的動物。（p.51）

元素：
由單一種原子組成的物質，不能分解成另一物質。
（p.16, 17, 48, 49）

圓周：
一個圓形的邊界。（p.9）

赤道：
一個環繞地球中央的假想圓形，與北極及南極之
間的距離相同。（p.8）

等壓線：
指在地圖上將有相同氣壓數值的地區連接
起來的線。（p.33）